文／原田幸子

　　出生於日本新潟縣小千古市。在東京生活了好一陣子，現居住於日本神奈川縣大和市。喜歡小孩，也喜歡唱歌，每天都過得很幸福。

圖／陣条和榮

　　日本插畫家。曾參與製作寶塚自然幼兒園的壁畫，以及神戶臨海樂園的人偶裝置藝術，並定期舉辦個展和研討會。繪本作品有《交通號誌的名字是小凡》、《小螞蟻魯普與桑迪》和《獨角仙你好嗎？》（以上暫譯）。書籍插畫包括《一目瞭然對照表：日文的漢字、中文的漢字》（鴻儒堂）、《說話的藝術》（暫譯）等。

譯／吳嘉芳

　　東吳大學日文系畢業，曾任職於知名日商、百大企業，現為專職日文翻譯。譯作有《小學生的煩惱1：控制不住怒氣怎麼辦？》、《小學生的煩惱2：如何從低潮重新振作？》、《小學生的煩惱3：面對壓力該如何調適？》和《看漫畫學小學英語：自學＆預習＆複習，扎根英語基礎實力！》（以上皆為小熊出版）等。

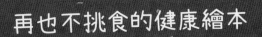

再也不挑食的健康繪本

便便先生
謝謝你！

文／**原田幸子**　圖／**陣条和榮**　譯／**吳嘉芳**

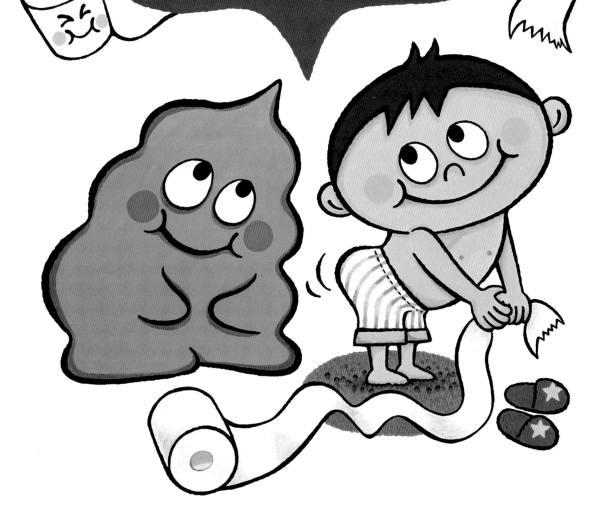

嗨！你們聽我說！

今天我和我的朋友——

便便先生說話了喔！

便便先生對我來說，

是非常重要的朋友。

他會把我身體裡的垃圾，
通通都吃掉！

還會幫我把肚子，
打掃得乾乾淨淨。

可是，如果我挑食，
便便先生好像會很痛苦。

我任性的說：

上次，媽媽用心做飯給我吃，

「我討厭這個。」

「我不想吃那個。」

只吃自己喜歡的食物……

後來，上廁所時無論我怎麼呼喚：

「便便先生、便便先生！」

他都不出來。

過了好久、好久，
他才終於從長長的隧道爬了出來。

而且，便便先生看起來不太一樣，他變得細細、硬硬的。

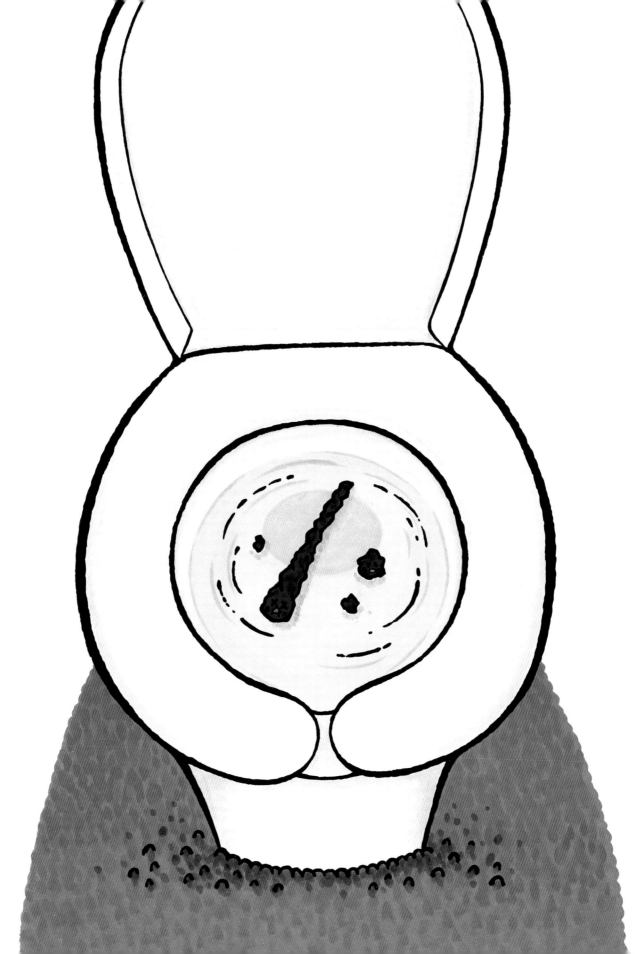

他傷心的說了「再見」，就沖進馬桶裡。

便便先生，對不起。

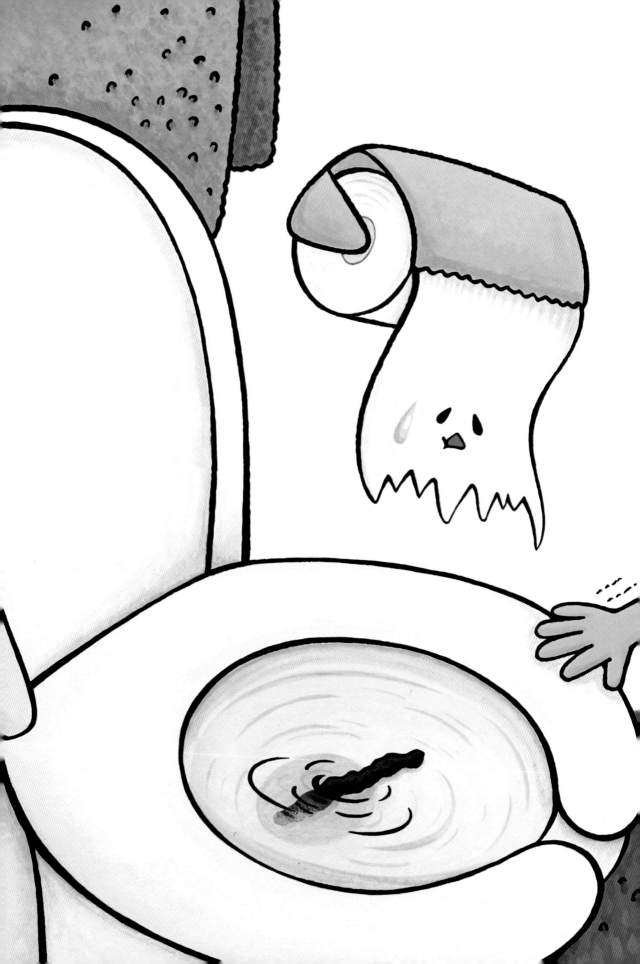

所以我決定不再挑食了！

任何食物我都會吃進肚子裡，

因為我想看到元氣滿滿的便便先生。

進入廁所時，
便便先生可以活力十足的對我說：
「你好！
很高興見到你！」

我也會開心的揮揮手，說：

「便便先生，謝謝你！
再見！」

那些關於便便的大小事

文／**陳威佑**（大腸直腸外科醫師）

　　許多父母都認為成年人才會發生排便不順的現象，其實「便祕」占了兒童腸胃問題約四分之一，而且大部分的兒童便祕都屬於生理性的排便障礙，也就是說造成孩子便祕的原因不是疾病或壓力，是「飲食習慣」。

　　「均衡飲食」除了包含攝取適量的魚、肉等蛋白質，還必須補充蔬果，藉由膳食纖維增加糞便的體積，刺激腸道蠕動。然而孩子愛吃的炸雞、甜點等食物缺乏足夠的纖維素，當體內纖維素不足，會使得糞便體積縮小，加長在腸道滯留的時間，導致糞便變硬。此外，攝取足夠的水分也相當重要。水能與纖維素結合，使糞便柔軟，容易由腸道排出。假如飲水量不足，人體就只能從糞便中萃取水分，讓糞便被脫得又乾又硬，進而造成便祕。

　　理想的糞便型態為柔軟的香蕉狀，如果糞便像是一顆顆乾硬的羊大便，就代表纖維和水分攝取不足，使糞便在腸道停留的時間過久，水分逐漸被吸乾；如果是不成形的稀水便，則表示腸道可能受刺激、發炎而有腹瀉情形，這時必須先禁食，讓腸道休息，並多補充水分與電解質。

　　除了順暢排便之外，肛門清潔也是家長不可忽略的重點。為了降低對肛門的摩擦與刺激，解便後建議最好用水柱沖洗，不僅舒適度佳、清潔快速，也能節省資源。若身邊無水可洗，可以選用添加物單純的溼紙巾或較柔軟的衛生紙來擦拭。無論乾擦或溼擦，都建議擦四至五次即可，以免過度擦拭引起肛門發癢或疼痛。

　　大部分的便祕都可以透過軟便劑、酵素、益生菌等獲得改善，但最根本的做法還是必須培養正確的飲食習慣，並且持之以恆的實踐，才能有效避免惱人的便祕反覆找上門喔！

我的便便紀錄單

Little Bear Books
小熊出版

使用說明：
請參考範例，寫下日期、大便形狀，以及攝取的食物。
用畫畫的方式來表現也可以唷！

4/12

牛奶、白飯、胡蘿蔔、
花椰菜、蘋果

布里斯托大便分類法 （Bristol Stool Scale）

第1型：一顆顆分散的硬球

第2型：凹凸不平的香腸狀

如果你的便便屬於這兩種類型，代表
已經便祕啦！請多補充水分和膳食纖
維，促進腸道蠕動。

第3型：表面有裂痕的香腸狀

第4型：光滑的香蕉狀

恭喜你排出正常的便便！目前你的
身體很健康，請繼續保持！

當你的便便呈現以下三種樣子時，表示有腹瀉情況了。請
禁食或盡量避免食用油炸、刺激性的食物，讓腸道休息。
此外，也要注意補充水分與電解質，以免身體脫水。

第5型：斷面光滑的塊狀

第6型：鬆散的糊狀

第7型：無法成形的液體狀

掃描下方 QR Code 或輸入網址，即可下載「我的便便紀錄單」，幫助你長時間記錄自己的身體狀態。

※貼心提醒：列印時，請選用 A3 大小的紙張唷！

https://reurl.cc/WGaGyk

「我的便便紀錄單」QR Code ＆網址

精選圖畫書

便便先生謝謝你！再也不挑食的健康繪本

文：原田幸子　圖：陣条和榮　譯：吳嘉芳

總編輯：鄭如瑤｜主編：陳玉娥｜編輯：張雅惠｜美術編輯：茉莉子｜行銷副理：塗幸儀｜行銷助理：龔乙桐｜社群行銷：謝子喬

出版與發行：小熊出版・遠足文化事業股份有限公司

地址：231 新北市新店區民權路 108-3 號 6 樓｜電話：02-22181417｜傳真：02-86672166

劃撥帳號：19504465｜戶名：遠足文化事業股份有限公司

Facebook：小熊出版｜E-mail：littlebear@bookrep.com.tw

讀書共和國出版集團

社長：郭重興｜發行人：曾大福｜業務平臺總經理：李雪麗｜業務平臺副總經理：李復民

實體暨網路通路組：林詩富、郭文弘、賴佩瑜、王文賓、周宥騰、范光杰

海外通路組：張鑫峰、林裴瑤｜特販通路組：陳綺瑩、郭文龍｜印務部：江域平、黃禮賢、李孟儒

讀書共和國出版集團網路書店：www.bookrep.com.tw｜客服專線：0800-221029｜客服信箱：service@bookrep.com.tw

團體訂購請洽業務部：02-22181417 分機 1124

法律顧問：華洋法律事務所／蘇文生律師｜印製：凱林彩印股份有限公司

初版一刷：2023 年 6 月｜定價：320 元｜ISBN：978-626-7224-63-2（紙本書）

書號 0BTP1140　　　　　　978-626-7224-62-5（EPUB）
　　　　　　　　　　　　978-626-7224-61-8（PDF）

UNCHIKUN KYOMO ARIGATO by Sachiko Harada

Illustrated by Kazue Jinjo

Copyright © Sachiko Harada, 2022

All rights reserved.

Original Japanese edition published by Bungeisha Co.,LTD.

Traditional Chinese translation copyright © 2023 by Walkers Cultural Co., Ltd. / Little Bear Books.

This Traditional Chinese edition published by arrangement with Bungeisha Co.,LTD., Tokyo,

through Tuttle-Mori Agency, Inc. and Future View Technology Ltd.

國家圖書館出版品預行編目（CIP）資料

便便先生謝謝你！再也不挑食的健康繪本／原田
幸子文；陣条和榮圖；吳嘉芳譯 . -- 初版 . -- 新
北市：小熊出版：遠足文化事業股份有限公司發
行，2023.06

24 面；18.8×26.3 公分 . --（精選圖畫書）

國語注音

ISBN 978-626-7224-63-2（精裝）

1.CST：生活教育　2.CST：育兒　3.CST：繪本
4.SHTB：健康行動 --3-6 歲幼兒讀物

428.7　　　　　　　　　　　　112006758

小熊出版官方網頁

小熊出版讀者回函